BEI GRIN MACHT SICH IHR WISSEN BEZAHLT

Dennis Trom

Studie: Fracking

Studie zur Politikberatung

GRIN Verlag

Bibliografische Information der Deutschen Nationalbibliothek:

Die Deutsche Bibliothek verzeichnet diese Publikation in der Deutschen National-
bibliografie; detaillierte bibliografische Daten sind im Internet über http://dnb.d-
nb.de/ abrufbar.

Impressum:

Copyright © 2012 GRIN Verlag GmbH
Druck und Bindung: Books on Demand GmbH, Norderstedt Germany
ISBN: 978-3-656-57700-3

Dieses Buch bei GRIN:

http://www.grin.com/de/e-book/267327/studie-fracking

GRIN - Your knowledge has value

Der GRIN Verlag publiziert seit 1998 wissenschaftliche Arbeiten von Studenten, Hochschullehrern und anderen Akademikern als eBook und gedrucktes Buch. Die Verlagswebsite www.grin.com ist die ideale Plattform zur Veröffentlichung von Hausarbeiten, Abschlussarbeiten, wissenschaftlichen Aufsätzen, Dissertationen und Fachbüchern.

Besuchen Sie uns im Internet:

http://www.grin.com/

http://www.facebook.com/grincom

http://www.twitter.com/grin_com

Das ISPM-Institut plant folgende Gliederung der Arbeitsbereiche, in denen Hintergrund, Methodik, Quellen und Arbeitsschritte präsentiert werden:

Gliederung

1. Politischer Hintergrund der Studie

Hydraulic Fracturing (kurz: Fracking) ist eine Maßnahme der Erdgasgewinnung, die es ermöglicht, bisher schwer erreichbare Erdgasvorkommen zu nutzen. Hierbei wird mit hydraulischem Druck Gesteinsschichten aufgebrochen, um das Erdgas freizusetzen. Da bei diesem Verfahren auch Chemikalien verwendet werden, ist das Fracking umstritten.

„Hierbei geht es darum, auch an Standorten, an denen keine geeigneten natürlichen Wasserleiter vorhanden sind, durch hydraulische Stimulation (so genanntes Fracking) künstliche Wasserleiter im Untergrund zu schaffen und geothermisch zu nutzen."[1]

Das LBEG aus Niedersachsen (Landesamt für Bergbau, Energie und Geologie) schreibt dazu:

„Hochaktuell und regelmäßig Gegenstand der Presse und Medien ist auch die Exploration auf sogenanntes unkonventionelles Gas aus dichten Tonsteinen (Schiefergas oder Shale Gas) in Norddeutschland. Seine Gewinnung, für die bisher allerdings noch keine eigenen Erfahrungen vorliegen, ist nur in Verbindung mit hydraulischen Frack-Maßnahmen wirtschaftlich möglich. Dies führt nach wie vor zu Spannungsfeldern zwischen Gegnern und Befürwortern einer Technologie, die in herkömmlichen, tiefliegenden Lagerstätten in Deutschland seit Jahrzehnten sicher und mit Erfolg im Einsatz ist. Diese herkömmlichen Frack-Maßnahmen sind über die Diskussionen dieser Technik in Schiefergaslagerstätten mit in den Fokus und in die Kritik geraten. Hinzuweisen ist auf aktuelle Studien im In- und Ausland, die sich mit dem Thema der Sicherheit der Frack-Technologie beschäftigen. Insgesamt muss auch für eine mögliche Erdgasgewinnung aus unkonventionellen Lagerstätten gelten, dass beim Einsatz neuer Verfahren und Techniken Sicherheit und Ökologie vor Ökonomie gehen muss. Darüber hinaus ist sicher zu stellen, dass die Verfahren und Entscheidungsprozesse gegenüber der betroffenen Bevölkerung transparent dargestellt werden."[2]

Unbestritten ist die zunehmende Beliebtheit des Erdgases und damit auch des durch Hydraulic Fracturing gewonnenen unkonventionellen Gases. Das Thema Fracking ist sowohl in Deutschland als auch den USA umstritten. Umweltbewegungen in beiden Ländern protestieren gegen die verstärkt angestrebte Methode zur Gewinnung von Erdgas. Eine der Hauptsorgen der Umweltverbände ist die für das Fracking-Verfahren notwendige Verwendung von Chemikalien, welche zusammen mit großen Mengen Wasser in die tieferen Gesteinsschichten geleitet werden. Auf diese Weise wird das Erdgas gewonnen. Inwieweit die Chemikalien das Grundwasser erreichen und verunreinigen können, ist daher umstritten und Gegenstand etlicher Debatten. Wie das LBEG oben bereits beschrieb, müssen die lokalen Bevölkerungen in die politischen und ökonomischen Prozesse eingebunden werden.

Eines der Hauptargumente für Fracking sind die im Vergleich zu Erdöl und anderen fossilen Energieträgern geringeren CO_2-Emissionen durch die Verwendung des „natural gas". Während die Emissionen 1995 noch insgesamt 6,173 Millionen Tonnen CO_2 betrugen, davon 22,8% aus den USA[3], lag die Zahl im Jahr 2010 schon bei 5,6 Millionen

---

[1] Flyer „Zentrum für TiefenGeothermie", (http://www.lbeg.niedersachsen.de/download/69114)
[2] Jahresbericht „Erdöl und Erdgas in der Bundesrepublik Deutschland 2011" des LBEG, Seite 5f
[3]

      http://www.eia.gov/pub/oil_gas/natural_gas/analysis_publications/natural_gas_1998_issues_trends/p
df/chapter2.pdf (Seite 8, aufgerufen am 26.06.12, 11:43 Uhr)

Tonnen CO^2 - allein durch die USA durch den Verbrauch von fossilen Energieträgern produziert.4

Die Klimabilanz des Hydraulic Fracturing ist allerdings umstritten. Im Vergleich zum herkömmlichen Erdgas fallen zwar geringere Transportkosten an, die Mehrkosten durch das komplexere Verfahren müssen aber dagegen aufgewogen werden. Die Freisetzung von Methan stellt zusätzliche Probleme dar. Eine Freisetzung von 1,5% könnten daher *„ausreichen, Erdgas klimaschädlicher als Erdöl zu machen und, abhängig von den THG-Emissionen der Kohleförderung, bereits in die Nähe von Steinkohle rücken zu lassen."[5]*

Das Umweltbundesamt stellt das Verfahren und seine Risiken graphisch so dar:

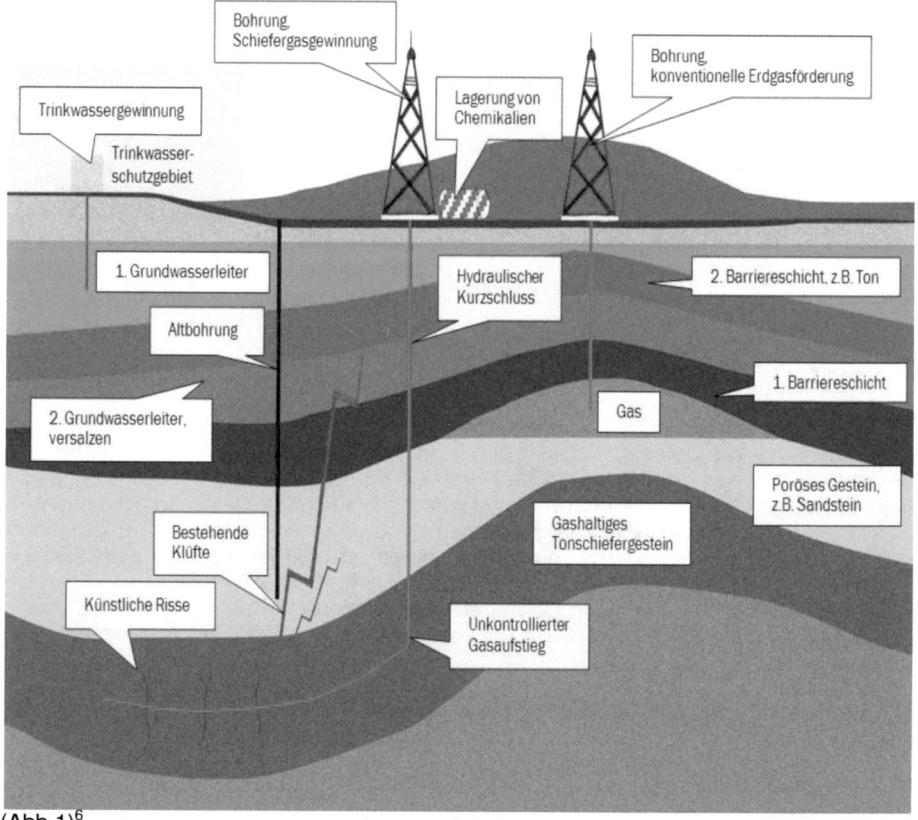

(Abb.1)[6]

---

4 http://www.eia.gov/cfapps/ipdbproject/IEDIndex3.cfm?tid=90&pid=44&aid=8
   (aufgerufen am 26.06.12, 11:47 Uhr)
5 Stellungnahme des Umweltbundesamtes „Einschätzung der Schiefergasförderung in Deutschland", Stand Dezember 2011, Seite 6
   (http://www.umweltbundesamt.de/chemikalien/publikationen/stellungnahme_fracking.pdf)
6 Stellungnahme des Umweltbundesamtes, Seite 10

1.1 Situation in Deutschland

Bisher fanden nur Untersuchungen statt, eine ökonomische Erdgasgewinnung durch Fracking jedoch noch nicht:

„Bewilligungen oder Bergwerkseigentum, die zur Gewinnung von Schiefergas berechtigen, wurden in Deutschland bis-her nicht erteilt."[7]

Die Aufsuchung von Schiefergaslagerstätten wurde in den Bundesländern Baden-Württemberg, Niedersachsen, Nordrhein-Westfalen, Sachsen-Anhalt und Thüringen erlaubt. In Niedersachsen beispielsweise stehen bei 3 der bisherigen 5 Explorationsbohrungen die Ergebnisse noch aus. An den anderen beiden Stätten wurde nur Probematerial gesammelt.[8]

Das Umweltbundesamt empfiehlt für die Aufsuchung und Gewinnung von Erdgas aus den unkonventionellen, nur durch Fracking zu erreichenden Lagerstätten etliche Mindestanforderungen. Diese umfassen Transparenz im Bezug auf die verwendeten chemischen Additive, Schutz der Umwelt und sensiblen Gebiete wie Trinkwasservorkommen, das Erstellen eines Notfallplans, die Miteinbeziehung der zuständigen Wasserbehörden, sowie Gefährdungsanalysen und Monitoring durch die beteiligten Förderunternehmen. Einige dieser Anforderungen sind bereits Genehmigungspraxis. Grundsätzlich lässt sich sagen, dass die behördlichen Anforderungen für das Fracking-Verfahren im Vergleich zu den USA enorm hoch sind.

1.2 Situation in den USA

Um die Situation in Deutschland differenziert betrachten zu können, ist auch ein Blick auf andere Länder wichtig, welche Fracking bereits in sehr viel größerem Maßstab verwenden als Deutschland – die Vereinigten Staaten von Amerika. Von allen Ländern der Welt ist die Methode in den USA am verbreitetsten und wird auch seit geraumer Zeit angewendet. In Deutschland hingegen beginnt das Fracking nur langsam an Bedeutung zu gewinnen. Abgesehen von einzelnen Probebohrungen haben die wichtigen Energieanbieter in Deutschland wenig Bestrebungen, die Marktlücke zu schließen.
Das mag einerseits an strengeren Umweltschutzregelungen in Deutschland, andererseits an mangelnder Rentabilität der Fracking-Methode liegen. Zudem ist die Konkurrenz durch Biogasanlagen sehr groß.

Der „Economist" schreibt, die Gasproduktion könnte zwischen 2010 und 2035 um 50% steigen – zwei Drittel dieses Anstiegs wäre auf Fracking zurückzuführen.[9]

Sowohl in Deutschland als auch den USA wurde das Hydraulic-Fracturing-Verfahren von Umweltverbänden und -bewegungen kritisiert. Neben dem amerikanischen NRDC (National Resources Defence Council) äußerten auch staatliche Einrichtungen wie das DEC (Department of Environment) und die EPA (Environmental Protection Agency) Kritik.

---

[7] Stellungnahme des Umweltbundesamtes, Seite 9
[8] Stellungnahme des Umweltbundesamtes, Seite 7
[9] The Economist (2. Juni 2012, Ausgabe 8), Text „Fracking Great", Seite 18

Der US-Kongress befreite das Hydraulic Fracturing von Regelungen und Trinkwasserkontrollbestimmungen unter Verweis auf einen Bericht der EPA (Environmental Protection Agency), welcher nur eine minimale Gefahr („minimal threat") für das Trinkwasser erkennen ließ. Die EPA plante 2010 jedoch eine weitere Studie, da der erste Bericht als zu oberflächlich, auf ein spezifisches Bohrverfahren eingeschränkt und größtenteils nur auf Interviews und Presseberichte gestützt wurde:

„[...]the study involved no direct monitoring of water wells but instead relied on existing peer-reviewed literature and interviews with industry and state and local government officials. It also was strictly limited to one specific type of drilling and did not address the effects in substrates other than coalbeds."10

Das Department of Environment im Staat New York schlug vor, 2000 Fuß (ca. 600m) Abstand zwischen Trinkwasservorräten und Fracking-Arealen einzuführen. Zudem sollten bald zusätzliche Daten zu Gesundheitsrisiken vorliegen.11

2. Arbeitsschritte und Methoden

2.1 Vorstellung der Arbeitsschritte

Im Folgenden wollen wir als ISPM–Institut dem Auftraggeber erläutern, welche konzeptionelle Vorgehensweise wir uns vorstellen, um diese Studie zu erstellen. Wir zeigen dem Auftraggeber dabei auf, welche Arbeitsschritte wir für relevant halten und welche Methoden wir einsetzen wollen um die Studie erfolgreich zu einem, dem Auftraggeber gewünschten, Abschluss zu bringen. Wir werden dabei die Studie in fünf Arbeitsschritte unterteilen und dem Auftraggeber erläutern mit welcher Methodik wir an die einzelnen Zwischenschritte heran gehen wollen. Die Arbeitsschritte die wir aus der Leistungsanforderung des Auftraggebers herausgefiltert haben sind:

- Wer sind die Akteure,
- wie ist der aktuelle Stand der Debatte (im Vergleich zu den Vereinigten Staaten) und
- in welchem Stadium des Policy Cycles steckt die Debatte,
- wie wird der politische Handlungsbedarf eingeschätzt und
- welche konkreten Handlungsempfehlungen werden wir mit dieser Studie herausfinden.

2.2 Vorgehensweise und Methodik

Als erstes wollen wir untersuchen wer die Akteure, im Bereich Fracking, sind und wie wir das herausfinden können. Wir fangen an mit einer Internetrecherche zum Thema Fracking und wollen dabei herausfinden welche nationalen und internationalen Akteure sich zu diesem Thema positionieren. Dies ergänzen wir durch Recherche in Fachzeitschriften und in Printmedien allgemein. Weiter wollen wir zusätzliche Experten zum Thema Fracking interviewen die bereits einen Überblick haben wer sich in die Debatte alles mit einbringt. Dieses können vor allem Experten aus NGOs und Umweltschutzverbänden sein. Des Weiteren wollen wir an die Energieunternehmen, die sich mit dem Thema Fracking

---

10 http://www.ncbi.nlm.nih.gov/pmc/articles/PMC2866701/
    (aufgerufen am 26.06.12, 12:28 Uhr)
11 http://www.ncbi.nlm.nih.gov/pmc/articles/PMC3262000/
    (aufgerugen am 26.06.12, 12:30 Uhr)

beschäftigen, heran treten und anhand von Interviews befragen welche weiteren Akteure es aus Sicht der Energieunternehmen gibt.

Um zu erforschen wie der aktuelle Stand der Debatte ist, wollen wir uns neben einer Internetrecherche zum Thema allgemein auch die Akteure, die wir ausmachen konnten, interviewen. Wir werden dabei die Akteure interviewen wo sie den Stand der Debatte im Policy Cycle einordnen würden und vergleichen die Ergebnisse dann miteinander. Unterschiedliche Seiten der Debatte könnten aus ihrer Sicht den Stand der Debatte unterschiedlich in den Policy Cycle einordnen. Abschließend werden wir eine eigene Einordnung vornehmen und so die Ergebnisse zusammen führen. Auch die aktuelle Gesetzeslage werden wir in den Stand des Policy Cycles mit aufnehmen. Außerdem werden wir untersuchen, welche nationalen Gesetze bereits existieren und ob es bereits Gesetze und Verordnungen auf EU – Ebene gibt die sich mit dem Thema Fracking beschäftigen. Fragen, um die Debatte in den Policy Cycle einordnen zu können, könnten dabei sein:

- Gibt es bereits Gesetze in denen der Umgang mit Fracking thematisiert wird?
- Wie wird die Öffentlichkeit in die Debatte mit einbezogen?
- In welchem Stadium befindet sich die Debatte?
- Was sagen unterschiedliche Experten?

Wir werden ebenfalls bei den verschiedenen zuständigen Ministerien anfragen was sie mit Fracking zu tun haben und wie sie die Lage zum Thema einschätzen würden.
Mit Hilfe dieser Methoden wollen wir dem Auftraggeber, anhand eines Policy Cycles, aufzeigen wie der Stand der Debatte ist.

Dann wollen wir den Stand der nationalen Debatte und seine Einordnung im Policy Cycle mit der Debatte in den USA vergleichen. Wir werden dabei Interviews mit verschiedenen Experten gegebenenfalls aus den USA und auch aus Deutschland führen. Dabei wollen wir mit Vertretern aller Lager, die sich in den USA mit Fracking beschäftigen, sprechen um herauszufinden in welchem Stadium die Debatte in den USA sich befindet. Dazu zählen vor allem Umweltschutzverbände, Energieunternehmen und staatliche Stellen. Wir werden untersuchen was für Ausmaße Fracking in den USA hat und wie die Öffentlichkeit zu dem Thema steht und damit umgeht. Dies wollen wir vor allem anhand von Publikationen und Studien der dortigen Experten herausfinden. Wir wollen sowohl Kritiker dieser Methode der Schiefergasförderung als auch Befürworter interviewen und herausfiltern welche Probleme in den Vereinigten Staaten mit dieser Methode der Gasförderung sich ergeben haben. Unser Hauptaugenmerk werden wir dabei auf die herrschenden Umweltproblematiken- und -befürchtungen richten. Wir werden sowohl mit den Energieunternehmen, als auch mit den Politikern und NGOs in Amerika sprechen und herausfinden ob und inwieweit Fracking mit Umweltproblemen in Verbindung gebracht wird. Wir werden dabei Möglichkeiten aufzeigen, wie man die Debatte der USA nutzen kann und von den Erfahrungen der unterschiedlichen Akteure lernen kann, um eine sachliche Debatte in Deutschland zum Thema Fracking zu ermöglichen.

Wir betrachten den politischen Handlungsbedarf als besonders wichtig, darum werden wir unsere Studie dahingehend aufschlüsseln, dass wir den legislativen, informativen und finanziellen Handlungsbedarf untersuchen werden.

Um den legislativen Handlungsbedarf herauszubekommen wollen wir filtern welche

Gesetze und Rahmenbedingungen es bereits gibt und mit unterschiedlichen Experten und Akteuren sprechen um herauszufinden welche Rahmenbedingungen vonnöten sind. Dabei werden wir der Frage nachgehen welche Gesetze es bereits gibt und ob es einen weiteren Bedarf an Gesetzen gibt. Besonderen Augenmerk werden wir dabei auch auf den Schutz der Umwelt legen und bestimmen nicht nur wo die Gesetzeslage für die Energieunternehmen angepasst werden müsste, sondern wollen auch erörtern wie die Umwelt größtmöglich geschützt werden kann. Dabei werden wir vor allem mit den NGOs und Umweltschutzverbänden zusammenarbeiten die sich im Bereich Fracking mit dem Umweltschutz befassen. Wir wollen dabei auch die entsprechenden Ministerien mit einbeziehen und mit Referenten erörtern welche Gesetze eventuell benötigt werden um für die betroffenen Akteure Rechtssicherheit zu schaffen.

Beim informativen Handlungsbedarf wollen wir herausfinden in welchem Umfang die Öffentlichkeit mit einbezogen werden muss und möchte. Dabei wollen wir untersuchen welches geeignete Methoden wären um die Bevölkerung gegebenenfalls mit in den Prozess der Gesetzgebungsfindung mit einzubeziehen. Hierzu wollen wir eine Umfrage erstellen mit der wir herausfinden wollen inwieweit die Öffentlichkeit bereits informiert ist und weiter informiert werden möchte. Auch Experten für Öffentlichkeitsarbeit wollen wir befragen inwieweit und mit welchen Mitteln die Öffentlichkeit, zu diesem Thema, informiert werden könnte. Wir wollen dabei herausfinden wie die Menschen am liebsten und am effektivsten über dieses heikle Thema informiert werden wollen und können. Wir werden aufzeigen, dass es sehr wichtig ist die Bürger bei solch sensiblen Thematiken mitzunehmen, zu informieren und in die Debatte mit einzubeziehen. Wir wollen an Hand dieser Untersuchungen ebenfalls aufzeigen wie eventuell vorhandene Ängste in der Bevölkerung abgebaut werden können, beziehungsweise wie man sie eventuell gar nicht erst entstehen lassen könnte. Dabei werden wir, unter anderem, eine Liste erstellen die aufzeigt welche Informationsmaterialien bereits existieren und wie sie, seitens des Auftraggebers, ergänzt werden könnte.

Um den finanziellen Bedarf zu ermitteln, ob es zum Beispiel Anschub - Subventionen bedarf ähnlich wie bei der Windenergie oder ob sich diese Technik selbst finanzieren könnte wollen wir mit den Energieunternehmen erörtern. Auch muss erforscht werden inwieweit die Regierung zur Subvention bereit wäre. Ist Subvention überhaupt gefragt und notwendig? Auch werden wir den Finanzbedarf für eventuelle Öffentlichkeitsarbeit ermitteln. Zum Beispiel könnte es Flyer oder Symposien geben die die Bevölkerung informieren sollen. Hierzu werden wir ihnen Konzepte zur Flyer Gestaltung vorschlagen und Konzepte für Symposien und Diskussionsrunden erarbeiten. Auch welche Experten von Energieunternehmen und NGOs und Umweltschutzverbänden der Auftraggeber einladen könnte, die zu einer Podiumsdiskussion bereit wären, werden wir aufzeigen.

Als letzten Schritt wollen wir mit unserer Studie dem Auftraggeber eine konkrete Handlungsempfehlung aussprechen. Dabei werden wir die vorherigen Schritte evaluieren und eine Zusammenfassung schreiben. Wir werden anhand unserer Ergebnisse dem Auftraggeber aufzeigen was der Auftraggeber unternehmen sollte, um die aktuelle Debatte aktiv mitzugestalten. Wir werden dem Auftraggeber aufzeigen mit welchen Akteuren er ins Gespräch kommen sollten und mit welcher Thematik und konzeptioneller Ausrichtung dies getan werden könnte. Wir werden eine Liste mit Punkten dem Auftraggeber erstellen, die die Punkte aufzeigt welche um den Prozess Fracking und die Probleme und Chancen wichtig sind. Wir werden dem Auftraggeber dabei diese Studie sowohl als umfangreiches Material, als auch in Kurzform überreichen. In der Kurzform werden sich alle wichtigen Dinge in einer informativen Übersicht und gegliedert nach Akteuren, Stand der Debatte im Policy Cycle, Vergleich mit den Vereinigten Staaten und den politischen Handlungsbedarf auf einem Blick kurz und auf den Punkt gebracht wiederzufinden sein. Diese Übersicht soll einen kurzen und schnellen Überblick geben worum es in der Studie geht und welche Inhalte sie enthält.

Wir werden einen Plan erarbeiten bei dem der Auftraggeber Schritt für Schritt die Stationen im Policy Cycle mit verfolgen kann und wo sich die Debatte gerade befindet. Dabei werden wir dem Auftraggeber für jeden Meilenstein den die Debatte genommen hat unterschiedliche Empfehlungen an die Hand reichen und verschiedene Möglichkeiten und Alternativen anbieten nach denen der Auftraggeber dann handeln kann. Dabei werden wir dem Auftraggeber verschiedene Handreichungen geben, wie zum Beispiel eine Checkliste.

Zusammenfassend werden wir die Studie in die oben genannten fünf Arbeitsschritte unterteilen bei denen wir die unterschiedlichen Methoden von der Internetrecherche über Experteninterviews und Befragungen bis hin zum Sichten von Gesetzen und Verordnungen etc. anwenden werden.

3. Studien zum Thema Hydraulic Fracturing

Risikostudie Fracking: Sicherheit und Umweltverträglichkeit der Fracking-Technologie für die Erdgasgewinnung aus unkonventionellen Quellen von C. Ewen, D. Borchardt, S. Richter, R. Hammerbacher
In der Studie wird erst vorgestellt was Fracking überhaupt ist. Danach geht die Studie darauf ein was für Auswirkungen das Fracking auf Nachbarschaften und Gemeinden hat. Des Weiteren welche denkbaren Gefahren für Mensch und Umwelt bestehen. Die letzten zwei Punkte befassen sich über mögliche Kontrollen für die Gefahren von Fracking und Empfehlungen.
Quelle: http://dialog-erdgasundfrac.de/sites/dialog-erdgasundfrac.de/files/Ex_Risikostudie_Fracking_120518_webansicht.pdf
Stand: 01.08.2012

Unkonventionelles Erdgas: von Dr. Werner Zittel für ASPO Deutschland: 2010
Dr. Zittel beschreibt was unkonventionelle Gasvorkommen sind und die Fördermethoden sind. Er geht auf die Förderstatistiken und die Potentiale aussehen. Des Weiteren wird auf die Umweltauswirkungen eingegangen
Quelle: http://www.energywatchgroup.org/fileadmin/global/pdf/2010-05-18_ASPO_Kurzstudie_Unkonv_Erdgas.pdf
Stand: 01.08.2012

Einschätzung der Schiefergasförderung in Deutschland vom Umweltbundesamt: 2011
Diese Studie geht neben den Punkten der anderen zwei Studien auch expliziert auf die rechtlichen Rahmenbedingungen ein.
Quelle: http://www.umweltbundesamt.de/chemikalien/publikationen/stellungnahme_fracking.pdf
Stand: 01.08.2012

Shale gas: a provisional assessment of climate change and environmental impacts von Ruth Wood, Paul Gilbert, Maria Sharmina, Kevin Anderson im Auftrag von Tyndall Centre: 2011
Diese Studie geht neben den Treibhausgas-Effekten von Fracking auch auf die menschliche Gesundheit ein.
Quelle: http://www.tyndall.ac.uk/sites/default/files/tyndall-coop_shale_gas_report_final.pdf
Stand: 01.08.2012

4. Kurzzusammenfassung der Untersuchungsmethodik der Studie „Hydraulic Fracturing"

Sehr geehrte Kollegen/Innen des Umweltbundesamtes,

hiermit erläutern wir Ihnen kurz die für uns relevante Methodik, bezüglich der von Ihnen geforderten Studie zum Thema Fracking.
Um einen Grundbaustein für diese Studie zu legen, sind breite Recherchen erforderlich, diese ermöglichen zunächst einen groben Überblick und werden vertieft durch verschiedene Interviews von qualifizierten Experten aus nationalen Energieunternehmen und Nichtregierungsorganisationen. Um einen policy cycle zu erstellen, werden verschiedene Ergebnisse verglichen, somit wird der aktuelle Stand verdeutlicht.
Der nächste relevante Vorgang wird sein, einen Vergleich zwischen der Bundesrepublik Deutschland und den USA herzustellen. Hierbei werden Frackingexperten aus den USA befragt, sowohl Kritiker, als auch Unterstützer dieser Schiefergasförderung. Durch diesen Teil der Methodik werden Vorteile, aber auch konkrete Probleme und Risiken aufgezeigt, welche man gegebenenfalls auf die Bundesrepublik Deutschland beziehen kann.
Ein nächster wichtiger Bestandteil unseres Vorhabens ist die Untersuchung vom legislativen Handlungsbedarf. Durch Expertengespräche werden vorhandene Gesetze erläutert und eventuell erforderliche Rahmenbedingungen untersucht.
Mittels von Umfragen ist es ebenso relevant, dass die Öffentlichkeit über dieses Thema informiert ist, bzw. informiert wird. Nicht zuletzt sind die finanziellen Mittel wichtig, hierbei wird auf das Instrument von Subventionen fokussiert.

Wir hoffen, dass wir Sie mit unseren Methoden und unserem Vorhaben überzeugen konnten und freuen uns auf eine Zusammenarbeit.

Mit freundlichen Grüßen